*Lerne den Ton
der Gesellschaft anzunehmen,
in der du dich befindest.*

ADOLPH FREIHERR VON KNIGGE (1752–1796)

KLEINER

BUSINESS-KNIGGE

von Frauke Weigand

BuchVerlag
für die Frau

ISBN 978-3-89798-559-9

2.Auflage 2020

Fotos: Colourbox.de (Titel, S. 2, 6, 10, 14/15, 22, 27, 30, 37, 42, 46, 53, 62, 67, 82, 90, 98/99, 106, 111, 113, 119, 123)
Einband, Satz und Typografie:
Kai & Amrei Serfling, Leipzig
Druck: Salzland Druck, Staßfurt
Bindearbeiten:
Müller Buchbinderei GmbH Leipzig
Printed in Germany

www.buchverlag-fuer-die-frau.de

Inhalt

Zum Geleit 7

Begrüßung, Vorstellung und Verabschiedung 11

Die richtige Anrede/ Duzen & Siezen 23

Kommunikation 31

Geschäftsessen und Betriebsfeste 47

Dresscode 63

Auf Reisen und unterwegs 91

Sonstiges 107

Zum Geleit

Sie wundern sich vielleicht über dieses Buch und fragen sich, ob ein solches Buch notwendig und „Knigge“ überhaupt noch zeitgemäß ist?
Ich kann diese Fragen nur mit ja beantworten. Denn gutes Benehmen stärkt nicht nur das Selbstvertrauen und bewirkt eine positive Ausstrahlung, sondern ist eine wichtige Voraussetzung für den Erfolg im Businessalltag, aber auch im privaten Leben. Gute Umgangsformen bewirken einen positiven ersten Eindruck

und dieser ist oftmals bleibend. „Lächle mit deinem Herzen“ sind die Worte meines Businesstrainers Dr. Michael Klein oder wie der Freiherr Adolph Franz Friedrich Ludwig (von)* Knigge formulierte: *„Interessiere dich für andere, wenn du willst, dass sie sich für dich interessieren.“*

Herzlichst
Frauke Weigand

*) Knigge legte sein „von“ 1792 ab

Hinweis: Die Tipps, die ich hier gebe, gelten für Deutschland, teilweise auch für Österreich und für die Schweiz. *Ansonsten gilt:* „Andere Länder, andere Sitten"!

Noch etwas: In diesem Buch habe ich für meine Empfehlungen die männliche Form gewählt. Es soll keinesfalls unhöflich oder diskriminierend den Damen gegenüber wirken, aber diese Form liest sich einfach besser und wirkt verständlicher, als immer beide Varianten zu schreiben!

Begrüßung, Vorstellung und Verabschiedung

WER GRÜSST WEN ZUERST?

Wie auch im Privatleben, grüßt derjenige zuerst, der einen Raum betritt bzw. sich zu einer Gruppe gesellt. Wobei es im Geschäftsleben noch eine zweite Regel gibt: der Chef wird immer zuerst gegrüßt. Am besten achten Sie darauf, welche Regel die Mehrheit der Mitarbeiter anwendet.

Ansonsten gilt im Berufsleben, der Rangniedere grüßt den Ranghöheren, hier gilt nicht „Ladies First“, es sei denn, alle Personen sind gleichrangig. Akademische Titel sind ranghöher als Adelstitel, das heißt ein Graf grüßt den Professor zuerst. Falls Ihnen, als Grüßender, die Hierarchie im Unternehmen und akademische Titel nicht bekannt sind, grüßen Sie einfach reihum. In manchen Unternehmen ist es auch üblich, dass Sie durch einen Verantwortlichen des Unternehmens den anderen als Gast vorgestellt werden. Somit wird es dem Gast erleichtert, sich ordnungsgemäß zu begrüßen.

Bei der Begrüßung von größeren Gruppen (ab ca. fünf Personen) grüßt man der Einfachheit halber der Reihe nach.

Treffen sich Geschäftsführer und Angestellte auf dem Flur, grüßt der Angestellte den Geschäftsführer zuerst.

WER GIBT WEM ZUERST DIE HAND?

Der Ranghöhere entscheidet, ob er seinem Gegenüber die Hand reicht. Im Privaten ist das immer die Frau, der wesentlich Ältere bzw. der Gastgeber.

WIE SIEHT EIN HÄNDEDRUCK AUS?

Hier ist Mittelmaß angebracht, kein „Schraubstock Griff", aber auch kein „weichgespülter Griff".

Bitte nicht zu lange die Hand schütteln oder festhalten. Der Händedruck sollte zwei bis drei Sekunden erfolgen, dabei schaut man seinem Gegenüber in die Augen.

Übrigens: Sonnenbrillen werden bei der Begrüßung abgesetzt, damit man seinem Gegenüber in die Augen schauen kann.
Ausnahme: Sie treffen sich beispielsweise auf der Skipiste oder tragen eine Brille mit Dioptrien.

Noch etwas: Die Hände sollte man beim Begrüßen nie über Kreuz reichen. Dieser Aberglaube geht auf die Kreuzigung zurück. Das Handreichen über die Türschwelle oder über den Tisch gilt ebenso als schlechtes Omen.

STEHT MAN ZUR BEGRÜSSUNG AUF?

Wenn Wert auf Etikette gelegt wird, steht der Mann nach wie vor auf. Normalerweise erheben sich heutzutage auch Damen bei der Begrüßung. **Ausnahme hier:** Bei festlichen Empfängen können Damen sitzen bleiben. Auch ältere Menschen müssen sich nicht unbedingt erheben. Im Geschäftsleben hat sich als Zeichen der Wertschätzung durchgesetzt, dass sich jeder für jeden erhebt, unabhängig von Hierarchie oder Geschlecht.

WIE STELLT MAN SICH RICHTIG VOR?

Man stellt sich selbstbewusst und natürlich vor, blickt seinem Gegenüber freundlich lächelnd in die Augen und sagt: „Ich heiße …“ oder: „Mein Name ist …“ (Vor- und Nachname nennen). Veraltet sind Floskeln wie: „Ich bin Frau / Herr …“ oder „Gestatten Sie, dass ich mich vorstelle …“ Ein eigener akademischer bzw. adliger Titel wird bei der Selbstvorstellung nicht genannt.

WIE REAGIERT MAN, WENN SICH JEMAND NUR MIT DEM VORNAMEN VORSTELLT?

Das heißt nicht „Sie können mich duzen". Geduzt wird oftmals spontan in Sportgruppen, bei künstlerischen Berufsgruppen oder unter Jugendlichen. In adligen Kreisen, vornehmlich in Bayern und Österreich, duzt man sich, auch ohne sich zu kennen.

WIE STELLT MAN ANDERE VOR?

Im Business wird dem Ranghöheren zuerst die rangniedere Person vorgestellt. Sollten die Personen von gleichem Rang sein, so entscheidet das Dienstalter. Sollte dieses auch gleich bzw. unbekannt sein, so ist das Geschlecht entscheidend (Damen sind die Ranghöheren).

WIE UND WANN ÜBERGIBT MAN VISITENKARTEN?

Die Visitenkarte wird nach dem Händedruck überreicht. Übergeben Sie diese mit Blickkontakt und achten Sie darauf, dass Ihre Visitenkarte wie neu aussieht. Handschriftliche Ergänzungen auf einer Visitenkarte sind nur zulässig, wenn sich kürzlich etwas darauf geändert hat. Erklären Sie dies kurz Ihrem Gegenüber. Eine irrtümlich übergebene Visitenkarte, wird nicht wieder zurückgenommen. Eine erhaltene

Visitenkarte wird angeschaut und in ein Etui oder in die Jacketttasche gesteckt und nicht einfach in die Hosentasche geschoben. Damit signalisiert man dem Gegenüber das Interesse an seiner Person. Bei gesellschaftlichen Anlässen bitte auf den Tausch von Visitenkarten verzichten.

WIE SOLLTE MAN SICH VERABSCHIEDEN?

Der letzte Eindruck verstärkt den ersten Eindruck, den man zur Begrüßung gegeben hat. Der Abschiedsgruß sollte höflich, gemäß dem Begrüßungsritual, sein. Mit einer stilvollen Verabschiedung bleiben Sie in guter Erinnerung. Eine stilvolle Verabschiedung bedeutet beispielsweise, dass man als Gastgeber das Gespräch oder das Meeting im vorher vereinbarten Zeitfenster beendet: „Ich bedanke mich für Ihre Aufmerksamkeit und wünsche Ihnen eine angenehme Heimreise.“ Sie, als Gast, beenden das Gespräch nicht zuerst. Sollte es der Gastgeber bzw. der Gesprächsleiter versäumen, das Gespräch rechtzeitig zu beenden, so dürfen auch Sie auf das Ende verweisen: „Unsere vereinbarte Gesprächszeit ist bereits vorbei. Ich habe in 30 Minuten einen weiteren Termin. Wollen wir einen neuen Termin vereinbaren, damit wir alles weitere besprechen können?“

Übrigens: Etwa 30 Minuten nach dem Digestif sollten Sie sich als Gast verabschieden.

Die richtige Anrede/ Duzen & Siezen

WIE IST DAS MIT DER KORREKTEN ANREDE?

Akademische Grade (in Deutschland ab dem Doktortitel) werden in Verbindung mit dem Namen genannt. Wenn die Person mehrere akademische Titel hat, wird der höchste Titel genannt. Zusätze und akademische Diplome werden nicht genannt. **Ausnahme in Österreich:** Hier ist es üblich, auch beispielsweise Frau Magistra/

Herr Magister zu sagen. Bei Adelstiteln fallen Präpositionen wie „von" weg.

Faustregel: Oskar Graf von Dracula wird angesprochen mit „Graf Dracula". Nicht üblich die Anrede: „Herr Graf", das ist dem Personal vorbehalten. Ein akademischer Grad wird dem Adelstitel vorweg gestellt, also: „Dr. Graf Dracula". Eine Ausnahme gibt es bei Freifrau/Freiherr. Hier ist die korrekte Anrede: „Frau von …" bzw. „Herr von …". In Deutschland sind Adelstitel laut Gesetz über die Aufhebung des Adels 1919 nur noch Bestandteil des Nachnamens. Jedoch sind diese Titel im gesellschaftlichen Umgang noch gebräuchlich. Wenn Sie bei der Anrede absolut sicher gehen wollen, erkundigen Sie sich im Vorfeld im „Genealogischen Handbuch des Adels" (von 1951 bis 2015) bzw. im „Gothaischen Genealogischen Handbuch" (ab 2015) nach der korrekten Anrede.

WIE REDET MAN PERSONEN MIT AMTS- UND FUNKTIONSBEZEICHNUNGEN AN?

Beispiele: Bundeskanzlerin, Präsident, Minister, Landrat. Die Bezeichnung wird nur verwendet, wenn diese Person in dieser Funktion auftritt. Hier lautet die korrekte Anrede: „Frau Bundeskanzlerin", „Herr Minister" …
Bei Gericht gilt: „Herr Rechtsanwalt", „Frau Verteidigerin" … Kirchliche Würdenträger wie Kardinäle oder Bischöfe werden traditionell mit „Eure Eminenz"

bzw. „Eure Exzellenz" oder etwas moderner mit „Herr Kardinal" oder „Herr Bischof" angesprochen.

WIE IST DAS BEI DER BRIEFANSCHRIFT?

Hier ist es etwas einfacher, man schreibt in der schriftlichen Anrede alle akademischen Titel, wie Herr Prof. Dr. med. Vor- und Nachname bzw. bei Adelstiteln wie Freifrau / Freiherr: „Frau / Herr Vorname ‚von' Nachname".

WIE IST DAS MIT DEM DUZEN UND SIEZEN?

Als Faustregel für jene, die ihre wilden Jugendzeiten hinter sich gelassen haben, gilt auch heute noch: Damen bieten zuerst den Herren und der Ältere bietet dem Jüngeren das „Du" an. Im

Berufsleben entscheidet die Hierarchie. Der in der Hierarchie Ranghöhere bietet unabhängig vom Alter das „Du“ an. Bei gleicher Hierarchie entscheidet das Dienstalter. Sollte dieses auch in etwa gleich sein, ist das Lebensalter maßgebend. Generell gilt: Zwingen Sie niemandem das „Du“ auf und gehen Sie nicht leichtfertig mit dem Duzen um, denn es erfordert sehr viel Fingerspitzengefühl ein bereits angebotenes „Du“ zurückzunehmen!

KANN MAN EIN ANGEBOTENES DU ZURÜCKNEHMEN?

Ja – mit sehr viel Takt. Wenn Sie das „Du“ leichtfertig beispielsweise bei einer Betriebsfeier angeboten haben, klären Sie es umgehend, am besten in einem „Vier-Augengespräch". Seien Sie dabei sehr höflich und erklären Sie Ihre Entscheidung: „Ich fühle mich bei der „Du"-Anrede nicht wohl und möchte deshalb bei der „Sie"-Anrede bleiben, ist das für Sie in Ordnung?"

KANN MAN EIN ANGEBOTENES DU ABLEHNEN?

Ja, allerdings sollten Sie dazu eine Begründung geben, zum Beispiel: „Ich freue mich, dass Sie mir das ‚Du' anbieten, aber haben Sie bitte Verständnis dafür, dass ich im Beruf grundsätzlich nicht duze."
Wenn Sie ein angebotenes „Du" ablehnen wollen, sagen Sie dies mit Einfühlungsvermögen.

Kommunikation

WAS BEDEUTET „U. A. W. G.“?

Um Antwort wird gebeten. Dies ist ein Vermerk auf der Einladung, der dazu auffordert, sich entweder mündlich oder schriftlich zur Einladung zu äußern. (Französisch „R. s. v. p.“ – Réspondez s´il vous plaît und „p. m.“ – pour mémoire als Erinnerung an eine bereits erfolgte Einladung.)

WAS HEISST C. T. BZW. S. T.?

Diese Abkürzungen stehen meist bei Einladungen von Bildungseinrichtungen.

Wenn c.t. (lat. cum tempore= „mit Zeit") auf der Einladung steht, heißt das, dass die Veranstaltung eine Viertelstunde später beginnt. Falls eine Veranstaltung pünktlich beginnt, steht nach der Uhrzeit s.t. (lat.: sine tempore = „ohne Zeit").

WANN VERWENDET MAN „C/O" UND WANN „Z. HD."?

Wenn Sie an eine Person schreiben, die einen Briefkasten mit anderen Namen nutzt, beispielsweise einem Au-pair-Mädchen, was vorübergehend bei einer anderen Familie wohnt, dann verwenden Sie im Adressfeld „c/o" (care of = sinngemäß wohnhaft bei).

Das Schriftstück soll innerhalb einer Gruppe an die erwähnte Einzelperson gehen, dann schreibt man „z. Hd." (deutsch zu Händen) oder auch „z. H." vor den Empfängernamen ins Adressfeld.

Beides ist jedoch nicht mehr zeitgemäß (neue Form nach DIN 5008). Schreiben Sie den Empfängernamen ins Adressfeld oder verwenden Sie das deutsche Wort „bei" Familie …

WAS MUSS MAN BEIM SCHREIBEN VON DIVERSEN NACHRICHTEN IN SOZIALEN NETZWERKEN (SOCIAL NETWORKS) WIE FACEBOOK ODER WHATSAPP BEACHTEN?

Nachricht nach W-Fragen verfassen: Wer? Was? Warum? Wann? So kurz wie möglich schreiben. Schlechte Nachrichten werden nicht per SMS, Facebook, WhatsApp o. ä. übermittelt. Man sollte nur mit Abkürzungen schreiben, wenn man genau weiß, dass der Empfänger diese versteht.

WAS MUSS MAN IM E-MAIL-VERKEHR BEACHTEN?

Diese richtet sich zwar an eine Person, kann aber, wie auch bei einer Postkarte, von mehreren gelesen werden. Vorsicht beim Formulieren! Die E-Mail nicht für vertrauliche Mitteilungen benutzen. Eine E-Mail, die für mehrere Personen gedacht ist, lieber im bcc (engl. blind carbon copy = dt. Blindkopie) verschicken, denn Sie wissen nicht, ob alle Empfänger für jeden die E-Mail Adresse preisgeben wollen.

Falls alle Empfänger einverstanden sind, ihre E-Mail-Adresse mitzuteilen, können Sie die Nachricht für alle Empfänger im cc (engl. „carbon copy" = dt. Durchschrift) verschicken.

Vermeiden Sie zu große Dateianhänge. Fassen Sie beispielsweise mehrere PDF-Dokumente zu einer zusammen oder laden Sie große Dateien in einen online-Speicher, wie z. B. eine Dropbox oder eine Cloud und verschicken den entsprechenden Link.

In der Geschäftskorrespondenz keine ausschließliche Großschreibung (wirkt wie anschreien) bzw. ausschließliche Kleinschreibung nutzen. Smileys und Abkürzungen, wie „mfg" (mit freundlichen Grüßen), VG (Viele Grüße) oder LG (Liebe Grüße) nur im wohldosierten

Maße verwenden. Flapsige Anreden sind in der Geschäftskorrespondenz unpassend.

Die Betreffzeile ist zu formulieren, somit kann der Empfänger sofort entscheiden, ob er die E-Mail öffnet bzw. vermeiden Sie, dass Ihre Nachricht in den Spamordner kommt.

Vorsicht bei der Verwendung von Prioritäten: „Extrem wichtig" ist meist übertrieben.

Ihre Signatur besteht aus Ihrem Namen und Ihrer elektronischen Adresse, Ihrer Telefonnummer, Faxnummer sowie der URL Ihrer persönlichen Website. Länger als vier Zeilen sollte sie nicht sein.

Antworten Sie auf geschäftliche E-Mails innerhalb von 24 Stunden.

Sollten Sie nicht dazu kommen, hinterlassen Sie eine automatische Nachricht mit dem Hinweis, wann Sie wieder erreichbar sind.

WAS VERSTEHT MAN UNTER NETIQUETTE?

Netiquette besteht aus dem englischen Wort „net" (Netz) und dem französischen Wort „etiquette" (Verhaltensweisen) und

bezeichnet Verhaltensregeln, die bei elektronischer Kommunikation gelten. Darunter fällt auch, dass der Empfänger von E-Mails gezielt auszuwählen ist (sonst besteht „Spamverdacht").

GIBT ES ANRUFZEITEN?

Ja, aber heutzutage gelten Anrufzeiten nur noch eingeschränkt, da die Tagesabläufe unterschiedlich sind. Bei geschäftlichen Anrufen entsprechen die Anrufzeiten den Geschäftszeiten bzw. Öffnungszeiten des jeweiligen Unternehmens.

Für Privathaushalte gilt: werktags möglichst erst ab 9.30 Uhr und nicht nach 21.30 Uhr. Am Wochenende und an Feiertagen bitte nicht vor 10.30 Uhr anrufen. Wenn Sie geschäftlich in

Privathaushalten anrufen, in der Woche nicht nach 20.00 Uhr bzw. samstags nicht nach 18.00 Uhr. Anrufe an Sonn- und Feiertagen sind tabu. Bei Telefonaten mit älteren Menschen, bitte die Mittagspause von 12.30 Uhr bis 15.00 Uhr einhalten.
Führen Sie Auslandstelefonate, ist die Ortszeit beim Angerufenen zu beachten. Ansonsten nehmen Sie Rücksicht auf Gewohnheiten und zeitliche Vorlieben Ihres Gesprächspartners bzw. im Beruf „die Zielgruppe". In Notfällen gibt es selbstverständlich keine Anrufzeiten.

DARF MAN MOBILE TELEFONE AM ARBEITSPLATZ AUFLADEN?

Ihr Diensttelefon dürfen Sie natürlich ohne weiteres im Büro aufladen. Wenn Sie Ihr privates Telefon aufladen möchten, dann fragen Sie vorher in Ihrem Unternehmen nach, denn seien Sie sich bewusst, dass Sie sich damit an den Vermögenswerten des Arbeitgebers „bedienen". Gleiches gilt auch für Privat-Kopien, Büromaterial u. ä. Dies kann übrigens sogar ein Kündigungsgrund sein. Gleiches gilt, wenn Sie unerlaubt das Diensttelefon für private Telefonate verwenden.

WIE SCHREIBT MAN STILVOLL EINEN (GESCHÄFTS-)BRIEF?

Man spricht die Personen persönlich mit Ihrem Namen an. Falls man den Brief handschriftlich schreibt, ist eine Schrift mit Füllfederhalter sehr stilvoll. Ein Brief sollte auf alle Fälle per Hand (auch stilvoll mit Füllfederhalter) unterschrieben werden.

Bei Geschäftsbriefen Emotionen vermeiden. Einen Geschäftsbrief schreibt man formvollendet, indem man die exakte Anrede wählt. Bei akademischen Titeln wird nur der höchste Titel in der persönlichen Anrede verwandt. In Deutschland ist es üblich, die akademische Anrede ab dem Doktortitel zu verwenden. Im Gegensatz zur Anrede, müssen im Adressfeld alle

akademischen Titel stehen. Achten Sie darauf, dass der Name richtig geschrieben ist. In der Betreffzeile wird der Inhalt des Briefes in wenigen Worten erwähnt. Das Wort „Betreff" wird gem. DIN 5008 nicht mehr geschrieben.

Im Geschäftsbrief sollte man nur gängige und nicht unhöflich wirkende Abkürzungen verwenden. Als Abschiedsgruß „mfG" zu verwenden, ist nicht stilvoll. Unterschreiben Sie bitte Ihren Geschäftsbrief. Bei einer sehr schwer leserlichen Unterschrift ist es angebracht, den Namen nochmals mit PC geschrieben gem. Vorgaben der DIN 5008 nach drei Leerzeichen unter dem Verabschiedungsgruß zu schreiben.

Bitte achten Sie beim Frankieren des Briefes auch auf die Auswahl der Briefmarkenmotive.

WELCHE THEMEN MEIDET MAN BEIM SMALLTALK?

Themen wie Politik, Religion, eigene familiäre Missstände und Trauer spricht man nicht an. Gute Themen sind Hobbys, Urlaub, Literatur, kulturelle Veranstaltungen, Musik und Sport. Das Wetter ist zwar auch ein beliebtes Smalltalk-Thema, allerdings etwas „abgedroschen".

WIE SCHREIBT MAN KONDOLENZKARTEN?

Schreiben Sie den Text einer Kondolenzkarte nicht mit einem Computer und kondolieren Sie nie per E-Mail oder über die sozialen Medien. Der Text sollte persönlich sein und auch so übermittelt werden, d. h. handschriftlich, am besten mit einem Füllfederhalter, auf angemessenem Briefpapier bzw. einer Karte.

Briefumschläge mit schwarzem Rand sind dem Trauerhaus vorbehalten. Kondolenzschreiben werden persönlich adressiert, nicht „An das Trauerhaus" verwenden.

Beileidsbekundungen bitte immer mit Mitgefühl und Trost in Abhängigkeit zum Verhältnis zu dem Verstorbenen verfassen. Achten Sie auch hier, beim Frankieren des Kondolenzschreibens, auf die Auswahl des Briefmarkenmotives.

Menu

Geschäftsessen und Betriebsfeste

WER SUCHT BEI EINEM GESCHÄFTSESSEN DAS RESTAURANT AUS?

Bei einem Geschäftsessen sucht der einladende Geschäftspartner das Restaurant aus.

WAS BESTELLEN, WENN MAN ZUM ESSEN EINGELADEN IST?

Wenn Ihr Gastgeber Sie zu einem Essen à la carte eingeladen hat, achten Sie darauf, was Ihr Gastgeber empfiehlt. In dieser Preisklasse können Sie auch bestellen. Nur wenn der Gastgeber Ihnen ausdrücklich eine Vorspeise und/oder ein Dessert empfiehlt, dürfen Sie sich auch diese zusätzlichen Gänge bestellen. Gleiches gilt für das Bestellen eines Aperitifs bzw. Digestifs.

WER BEZAHLT DAS GESCHÄFTSESSEN?

Derjenige der zum Essen eingeladen hat, übernimmt auch in der Regel die Rechnung. Um etwaige Zweifel zu vermeiden, kann der Einladende dies zu Beginn bzw. bereits in der Einladung kommunizieren: „Wir freuen uns, Sie zum Essen … einzuladen."
Vermeiden Sie die Frage: „Übernehmen Sie die Rechnung?". Sollte die

Bezahlung der Rechnung nicht eindeutig geregelt sein, lieber doch etwas mehr Geld bzw. die Kreditkarte einstecken. Eine schöne Geste ist auch, wenn man spontan sagt: „Also, die Rechnung geht heute auf mich."

WANN SOLLTE MAN EINE TISCHREDE HALTEN?

Bitte teilen Sie dem Gastgeber mit (spätestens zwei Tage vorher), wenn Reden gehalten werden, damit das Servieren der jeweiligen Gänge geplant werden kann. Unangekündigte Tischreden werden nach dem Hauptgang gehalten. Ansonsten hält man diese nach dem ersten Gang. Somit sind die Gäste nicht mehr allzu hungrig. Eine Tischrede sollte nicht länger als 5 Minuten sein. Wenn mehrere Personen eine Rede halten möchten, dann werden diese vom Gastgeber nach dem ersten Gang bis zum Dessert eingetaktet. Bitte planen Sie maximal zwei Redner pro Gang ein.

Übrigens: Vor dem Beginn der Rede erhebt sich der Redner vom Stuhl (bitte nicht mit dem Löffel an das Glas klopfen, um auf sich aufmerksam zu machen, das gilt als unfein). Der Redner wartet, bis sich die Gäste beruhigen. Der Ehrengast wird in der Regel immer ein paar ehrende Worte an die Gäste richten. Nur dem Gastgeber steht eine Begrüßungsrede zu. Diese sollte nicht länger als

5 bis maximal 10 Minuten sein. Je größer die Veranstaltung, desto länger die Begrüßungsworte, aber wichtig, diese sollten sich im Inhalt auf die wesentlichsten Punkte konzentrieren. Die Begrüßungsrede kann entweder vor der Buffeteröffnung, bei einem Begrüßungscocktail bzw. Aperitif oder bei einem Menü unmittelbar nach dem Servieren des ersten Ganges erfolgen.

Bei einem Geschäftsessen sind ein paar lobende Worte zum Geschäftspartner angebracht. Die Rangfolge wird gemäß deutschem Protokoll flexibel gehandhabt. In manchen Ländern gilt es als unhöflich, wenn nach dem Ranghöchsten oder der Hauptperson weitere Reden folgen.

WELCHE TISCHGESPRÄCHE SIND BEI EINEM GESCHÄFTSESSEN ANGEMESSEN?

Ziel bei einem solchen Essen ist es, sich kennen zu lernen und eine ungezwungene Atmosphäre zu schaffen. Das heißt, dass man geschäftliche Dinge bei solch einem Essen normalerweise nicht bespricht und wenn doch, erst nach dem Dessert, d. h. nach dem Essensabschluss. Hier kann man dann Hinweise zum kommenden Meeting geben. So hat der Geschäftspartner Zeit, sich auf das nächste Treffen vorzubereiten.

Empfehlenswerte Gesprächsthemen sind: Kunst, Sport, Musik, Kinder,

Hobbys, gemeinsame Bekannte, Studienzeiten, frühere Arbeitsstellen bzw. Projekte etc.

WIE KANN EINE SITZORDNUNG AM TISCH AUSSEHEN?

Der wichtigste Gast sitzt nach internationaler Tischordnung immer rechts vom Gastgeber. In Deutschland kann der männliche Ehrengast auch links von der Gastgeberin als deren Tischherr sitzen. (Tischherrn sitzen prinzipiell links von ihrer Tischdame.)

Mein Tipp: Platzieren Sie Ihre Gäste so, dass sie Lust haben, sich mit dem Tischnachbarn zu unterhalten. Wenn es nicht das eigene Hochzeitsfest ist, müssen Ehepaare auch nicht mehr unbedingt zusammen sitzen. Sie sollten allerdings in Sichtweite zueinander platziert werden. Verlobte sitzen am Tisch nebeneinander. In kleineren Runden überlässt man die Wahl der Plätze den Gästen. Die Plätze mit Blick in den Raum bzw. wunderbarer Panoramasicht sind den Gästen vorbehalten.

SOLLTE MAN EINE TISCHORDNUNG EINHALTEN?

Ja, der Gastgeber hat sich dabei etwas gedacht, um Tischgespräche zu führen. Nach dem Dessert können Sie, nach Absprache mit den Gästen, die Plätze tauschen.

WAS MUSS MAN BEI EINEM BUFFET BEACHTEN?

Man stellt sich am Ende der Warteschlange an, häuft den Teller keinesfalls zu voll und mischt auch nicht unterschiedliche Gänge auf einem Teller. Gegessen wird in der gleichen Reihenfolge wie beim Menü. Am Buffet darf man jedoch einzelne Gänge überspringen oder sich von den jeweiligen Gängen mehrmals holen. Bei jedem Gang wird frisches Geschirr und Besteck benutzt.

Ausnahme: Sie sind in einer privaten Gesellschaft geladen und es herrscht Geschirrmangel. Absolutes Tabu: Naschen am Buffet!

WOHIN MIT EINER GRÄTE, EINEM OLIVENKERN ODER ÄHNLICHEM?

Hier gibt es nur eine Antwort. Der Fremdkörper muss dort wieder raus, wo er reinkam. Die Gräte auf die Gabel zurück, den Olivenkern ebenso dezent in die Hand bzw. in die Serviette oder auf den dafür vorgesehenen Teller legen.

WIE VERHÄLT MAN SICH BEI UNBEKANNTEN SPEISEN?

Bitten Sie Ihren Tischnachbarn oder die Servicekraft um Aufklärung.

DARF MAN AN EINER GROSSEN TAFEL WIRKLICH ERST MIT DEM ESSEN BEGINNEN, WENN ALLE ETWAS HABEN?

Ja, dieses Essen gilt für die Gemeinschaft. Bei absehbaren langen Wartezeiten kann der Gastgeber die Erlaubnis mit einem: „Bitte fangen Sie doch schon an!" geben bzw. der Gast fragt nach, ob er mit dem Essen beginnen darf.

WÜNSCHT MAN NOCH „GUTEN APPETIT" ODER SAGT MAN „MAHLZEIT"?

Beide Male „Nein!" Die Wendung „Guten Appetit" stammt noch aus der Zeit, als das Personal dies seiner Herrschaft wünschte. Da Sie als Gastgeber nicht das Personal sind, signalisiert der Gastgeber heutzutage, indem er zum Besteck greift und freundlich in die Runde nickt, dass man anfangen darf. Es gibt aber Ausnahmen, beispielsweise in der Kantine. Aber auch dort bitte nicht „Mahlzeit“ sagen, selbst wenn es sehr geläufig ist. Viel schöner klingt: „Lassen Sie es sich schmecken!“

SOLLTE MAN BEI EINEM GESCHÄFTSESSEN BZW. BEI EINEM BETRIEBSFEST ALKOHOLISCHE GETRÄNKE GENIESSEN?

Auf alle Fälle gehen Sie immer Nummer sicher, wenn Sie bei alkoholfreien Getränken bleiben. Bestellen Sie erst ein alkoholisches Getränk, wenn der Gastgeber die Erlaubnis dazu erteilt.

Übrigens: In Deutschland spielt die Tageszeit beim Alkoholgenuss eine wichtige Rolle: Hierzulande trinkt man erst in den Abendstunden alkoholische Getränke, während man beispielsweise in Frankreich zum Mittagessen ein Glas Wein trinkt. Sie, als Gastgeber, dürfen auch Alkohol ausschenken und bleiben am besten selbst bei einem alkoholfreien Getränk.

WIE STÖSST MAN RICHTIG AN?

Am besten Sie praktizieren das Zuprosten. Schauen Sie dabei Ihr Gegenüber an. Man kann dazu: „Zum Wohle" oder „Auf Ihr Wohl" sagen. Bitte vermeiden Sie das Wort „Prost!", wählen Sie lieber die lateinische Variante

„Prosit!" (lat. „Es möge dir nützen!"). Wenn jemand anderes jedoch mit Ihnen anstoßen möchte, dann machen Sie einfach mit. Angestoßen wird nur zur Jahreswende und zu besonderen Anlässen, aber nicht bei offiziellen Essen oder in größeren Gruppen. Prinzipiell wird mit Sekt, Crémant, Champagner oder Prosecco angestoßen und auch nur mit gleichen Gläsern.
Der moderne Zusatz: Auch mit Mineralwasser oder einem alkoholfreien Getränk kann man anstoßen oder zuprosten.

Weiteres zur Thematik (Verhalten im Restaurant, Spezialbegriffe etc.) können Sie in unserem „Kleinen Küchen- und Restaurantknigge" nachlesen.

Dresscode

WAS BEDEUTET DRESSCODE?

Das ist die geforderte Kleiderordnung. Der Dresscode gibt bei Einladungen meistens nur die Anzugsordnung für den Herrn an, die Dame richtet sich entsprechend danach.

WAS TRÄGT MAN, WENN AUF DER EINLADUNG „(KLEINER) GESELLSCHAFTSANZUG“ BZW. „GROSSER GESELLSCHAFTSANZUG“ STEHT?

Das weist darauf hin, dass beim „(Kleinen) Gesellschaftsanzug“ ein Smoking erwünscht ist und bei „Großer Gesellschaftsanzug" ein Frack erwartet wird. **Smoking:** (USA: Tuxedo, kurz tux) stammt vom englischen Smoking-Jackett „Jacke zum Rauchen". Er gehört zur Abendgarderobe für Herren. Der Smoking besteht aus einer kurzen Jacke mit Seidenspiegel (Revers mit Seidenbesatz) und einer dunklen Hose mit Seidenborte an den Außenseiten (auch Galon genannt). Die Farbe des Smokings ist schwarz bis mitternachtsblau. Beispielsweise bei Schiffsreisen oder besonderen Anlässen im Freien kann man zur dunklen Hose auch ein champagnerfarbenes oder ein weißes Dinnerjackett tragen. Der klassische Smoking hat nur einen Schließknopf. Er wird mit einer schwarzen Fliege kombiniert. Tragen Sie zum Smoking ein Hemd mit Smoking- oder Kentkragen. Die Knopfleiste sollte verdeckt sein. Tragen Sie zum Smoking nie eine Krawatte oder eine weiße Fliege!

Die Dame kann bei diesem Dresscode ein langes Kleid oder ein elegantes kurzes Kleid, das sogenannte Cocktailkleid tragen. Auf der Einladung würde „black tie" („Schwarze Fliege" franz. „cravate noire") stehen.

Frack: Gilt als einer der festlichsten Gesellschaftsanzüge für Herren. Er wird grundsätzlich nur abends (ab 18:00 Uhr) zu sehr festlichen Anlässen getragen. Der Frack ist schwarz und wird mit weißer Weste und weißer Fliege getragen. Vorn ist die Frackjacke kurz und tailliert, hinten reicht sie bis etwa zu den Kniekehlen. Zum Frack gehören schwarze Seidenstrümpfe und schwarze Lackschuhe (heutzutage kein Muss: weißer Seidenschal unterm Mantel, Zylinder und Handschuhe). Man trägt dazu keine Uhr am Armgelenk, sondern eine Taschenuhr. Des Weiteren kann man verliehene Orden tragen. Schmuck, außer Trauring und Familien-Siegelring, ist tabu. Die passende Kleidung der Dame ist ein langes Abendkleid. Auf der Einladung würde „white tie" („Weiße Fliege" franz. „cravate blanche") stehen.

WAS IST EIN CUT ODER STRESEMANN?

Ein Cut ist ein in England um 1900 aus dem Gehrock entwickeltes Kleidungsstück. Er besteht aus einer schwarz-

grau gestreiften Hose, schwarzen Schuhen, einer hellgrauen oder farbigen Weste, einem weißen Hemd und dazu einer silbergrauen Krawatte. Der Stresemann sieht aus wie ein Cut (auch Cutaway) ohne Schwalbenschwänze. Die gestreifte Hose ist die Besonderheit, die Cut und Stresemann vom Anzug unterscheidet. Diese Gesellschaftsanzüge darf „Mann" den ganzen Tag lang tragen.

Übrigens: Der „Stresemann" stammt von dem deutschen Politiker und Staatsmann der Weimarer Republik Gustav Stresemann (1878–1929).

WAS BEDEUTET BUSINESS ATTIRE?

Diese Bezeichnung bedeutet Geschäftskleidung für ein elegantes und seriöses Auftreten. Je höher die Position im Unternehmen desto mehr sollte man sich auch in der Freizeit an diesen Kleidungsstil halten. Denn Sie vertreten damit das Image des Unternehmens, in dem Sie beschäftigt sind. Gleiches gilt für Personen, die in der Öffentlichkeit stehen. Mit der Kleidung hat man auch eine Vorbildwirkung und ist ggf. auch Trendsetter.

WAS VERSTEHT MAN UNTER BUSINESS CASUAL BZW. SMART CASUAL?

Business Casual: Für den Mann bedeutet dies Geschäftsanzug, Langarmhemd in Weiß oder in Pastellfarbtönen mit oder ohne Krawatte. Dazu farblich passende Glattlederschuhe mit Schnürung. Heutzutage tragen aber auch Vorstandsvorsitzende T-Shirts oder Rollkragen-Pullover statt des Hemdes. Diesen Trend nennt man Athleisure-Wear (lässige, sportliche Kleidung wird alltagstauglich).

Die Dame trägt einen klassischen Anzug bzw. ein Kostüm mit einer farblich nicht allzu intensiven Bluse oder ein Jackenkleid. Die Rocklänge sollte Knie umspielend sein. Generell werden dazu Strümpfe von mindestens 20-den sowie geschlossene Schuhe mit einer Absatzhöhe von etwa 3 bis 5 cm getragen.

Übrigens: Wenn auf der Einladung „Come as you are" („Komm wie du bist") steht, dann heißt das, dass Sie nach Büroschluss kommen sollen, ohne sich nochmals umzuziehen, also im Business-Outfit.

Smart Casual: Damit ist nicht unbedingt Freizeitkleidung, wie das Tragen von Jeans und T-Shirt, gemeint. Gefragt ist hier das sportliche Jackett mit Hemd (ohne Krawatte) oder Poloshirt. Statt Jackett kann auch ein eleganter Pullover getragen werden. Dazu passen eine Stoffhose und lässige Schuhe. Es ist eine gehobene Freizeitkleidung.

WAS BEDEUTET CASUAL FRIDAY?

Dieser Trend, der ursprünglich aus den USA und Kanada stammt und auf das naheliegende Wochenende einstimmen soll, ist eher rückläufig. Die Unternehmen legen wieder Wert darauf, dass man sich auch am letzten Arbeitstag der Woche an den üblichen Dresscode hält. In Deutschland bedeutet „Casual Friday", dass höchstens die Krawatte weggelassen wird. Man kann beispielsweise eine dunkle Jeans oder auch ein Kostüm bzw. einen Anzug aus Leinenstoff tragen.

WAS ZIEHT MAN AN, WENN DER DRESSCODE NICHT BEKANNT IST?

Hier gilt die Regel: lieber overdressed! Falls Sie ein Lokal besuchen, welches

Ihnen unbekannt ist, so können Sie sich vorher nach dem Dresscode erkundigen.

Übrigens: Ein dunkler Anzug ist immer geschmackvoll. Die Dame kann passend dazu das „kleine Schwarze" oder ein schickes Cocktailkleid anziehen. Dieser Dresscode eignet sich besonders für private größere Feiern wie Hochzeiten, Taufen oder Abiturfeiern, für ein Geschäftsessen, den Besuch einer eleganten Cocktailbar oder des Spielkasinos.

WANN TRÄGT MAN WEISSE SOCKEN?

Beispielsweise zum weißen Smoking, beim Sport, in medizinischen Berufen. Auf keinen Fall zur dunklen

Hose. Strümpfe sollten eher eine Nuance dunkler als die Hosenfarbe sein. Für ganz Modebewusste kann die Strumpffarbe die gleiche Farbe wie das Einstecktuch besitzen.

KANN MAN WEISSE HOSEN IM BÜRO TRAGEN?

Im Sommer ist eine weiße Baumwollhose eine gute und luftige Alternative. *Aber Achtung:* Die Unterwäsche darf nicht darunter zu sehen sein. Am besten tragen Sie dazu hautfarbene Dessous bzw. Unterwäsche. Eine weiße Jeans kombiniert mit einem Jackett ist fürs Büro durchaus passend.

WELCHE FRISUR TRÄGT MAN IM BUSINESS?

Im klassischen Business heißt es, je höher die Position, desto kürzer bzw. hochgesteckter die Frisur. Nichts desto trotz können Sie moderne Frisuren tragen. Verzichten Sie auf gewagte Farbveränderungen oder wilde Stylings. Lange Haare bei Männern sind nur in kreativen, sozialen und künstlerischen Berufsgruppen akzeptabel. Aber auch da gilt, sie sollen zum gepflegten Äußeren passen und ggf. zum Zopf zusammengebunden sein.

WIE VIELE SCHMUCKSTÜCKE SOLLTE MAN TRAGEN?

Früher sagte man „nie mehr als fünf Schmuckstücke". Heute sieht man das nicht mehr ganz so eng. Man kann beispielsweise zum Trauring einen weiteren Ring tragen. Auffallende Brillen zählen genau wie schillernde Haarspangen zum Schmuck. Es gilt: „Weniger ist manchmal mehr."

PASSEN STIEFEL ZUR BUSINESS-KLEIDUNG?

Es kommt darauf an. Zum Rock sind Stiefel durchaus passend. Hier muss der Rock den Stiefelrand auch nicht mehr überdecken. Zum Hosenanzug sind sie unpassend. Wenn der Stiefel als Winterschuh genutzt wird, kann man im Büro einfach ein Paar Wechselschuhe haben.

PASSEN TURNSCHUHE / SNEAKER IM BUSINESS?

Normalerweise ist ein Sneaker ein Freizeitschuh, aber man kann durchaus einen solchen Schuh im Business tragen, sollte jedoch folgende Punkte beachten:

1. Das passende Modell
2. Ein moderner Anzug
3. Das richtige Styling

KANN MAN IM BÜRO FARBIGE ODER / UND GEMUSTERTE KLEIDUNG TRAGEN?

Sie sollten mit knalligen Farben sparsam umgehen. Kombinieren Sie diese Eyecatcher-Teile mit wenig intensiven

Farbtönen. Normalerweise sind im Business extreme Muster unüblich. Allerdings können Sie ein solches Teil mit einem dezenten Stück kombinieren, z. B. ein gemustertes Kleid mit einem einfarbigen Blazer. Florale Muster (zarte Blumen) können Sie im Büro gut, evtl. kombiniert mit einer einfarbigen Jacke, tragen. Das bodenlange Kleid mit großen Blumen passt eher zu einer Strandparty.

WELCHE KLEIDUNG IST BEI HOCHSOMMERLICHEN TEMPERATUREN IM BUSINESS PASSEND?

Wenn die sommerlichen Temperaturen steigen und im Büro keine Klimaanlage oder kein Ventilator vorhanden sind, sollte unbedingt eine Lockerung des Dresscodes erfolgen. Aber das muss dann zuerst an alle Mitarbeiter mit klaren Dresscode-Regeln kommuniziert werden. Es gibt Branchen, die ein klassisches Erscheinungsbild verlangen (Banken, Immobilien, Justiz, Politik, Versicherungen) und andere, wo der Kleidungsstil etwas lockerer ist (Design, Kunst, Medien, soziale Bereiche, Werbung). Auf alle Fälle sollten Sie sich, egal in welcher Branche Sie tätig sind, immer bewusst sein, dass Sie sich im Business und nicht im Urlaub befinden. Flipflops, Kleidung mit großzügigen Dekolletés, transparente Stoffe, Miniröcke oder Shorts sind tabu. Wählen Sie Kleidung aus Naturfasern wie Baumwolle, Wolle oder Viskose. Stoffe mit Knittereigenschaften wie Leinen sind im klassischen Business nicht geeignet. Kleidung, die locker an Ihnen fällt und nicht eng anliegt, ist bei Hitze angenehmer, da diese die Luft zirkulieren lässt. Die luftige Schuh-Variante für heiße Tage sind für die Damen Peeptoes oder Sling-Pumps. Diese Schuhe sehen „komplett" aus, lassen jedoch Zehen bzw. Ferse frei. Herren haben es etwas schwerer, denn beispielsweise Flipflops im Business sind ein absolutes No-Go. Ärmellose Kleidung geht, zumindest im klassischen Business, nicht. Die Damen können beispielsweise Oberteile mit angeschnittenen Ärmeln wählen. Jäckchen mit kürzeren Ärmeln passen auch sehr gut auf alle Tops und sehen edel aus.

Die Herren ziehen ein Oberhemd an und wenn keine Geschäftskunden empfangen werden, so können sie bei Hitze auf Jackett und Krawatte verzichten.

Übrigens: Zumindest im klassischen Business zeigt man kein Bein. Auch bei 30 °C trägt Frau Strumpfhosen (15 bis 20 den). Mann muss Socken oder Kniestrümpfe tragen und zwar so, dass beim Sitzen, das nackte Bein nicht zu sehen ist.

TRÄGT „MANN" IM BUSINESS NOCH KRAWATTE?

Diese Frage kann man heutzutage nicht pauschal beantworten. Machen Sie es doch so, wie es Ihnen persönlich gefällt und richten Sie sich dabei nicht nach anderen, denn die Krawatte ist ein Ausdruck Ihrer Persönlichkeit. Ich empfehle Ihnen: „lieber overdressed als underdressed."

MUSS „MANN" BEI KLASSISCHEN HEMDEN IMMER DEN OBERSTEN KNOPF SCHLIESSEN, WENN EINE KRAWATTE GETRAGEN WIRD?

Normalerweise schon. Es gibt allerdings Hemden, da fehlt der oberste Kragenknopf und man kann mit der Krawatte den Kragen zuziehen.

Übrigens: Wenn man ein klassisches Hemd ohne Krawatte trägt, bleibt der oberste Knopf geöffnet. Auch wenn Sie ein Button-Down Hemd (mit jeweils einem Knopf an der Kragenecke) tragen, bleibt der oberste Knopf offen und zu diesem aus dem Sportbereich kommenden Hemd, wird keine Krawatte getragen.

TRÄGT MAN EIN JACKETT / BLAZER OFFEN ODER GESCHLOSSEN?

Wenn beim Sitzen die Knöpfe auf sind, so ist beim Stehen bei den Herren mindestens der erste Knopf bei einem Jackett mit zwei Knöpfen bzw. bei einem Jackett mit drei Knöpfen der erste und zweite oder nur der mittlere Knopf geschlossen. Beim klassischen

Zweireiher (Doppelreiher) bleiben die Knöpfe auch beim Sitzen geschlossen. Bei modisch lässig getragenen Zweireihern kann man den untersten rechten Knopf geöffnet lassen.

Trägt „Mann“ eine Weste unter dem Jackett, kann die Jacke offen bleiben und der unterste Knopf der Weste bleibt offen. Das Jackett des Westenanzugs schließt man (nach der oben erwähnten Knöpfung), wenn „Mann“ beispielsweise Ehrengast ist und einer Ehrung zuteilwird oder sich erhebt, um eine Rede zu halten.

Damen können ein modisches Jackett auch beim Stehen offen lassen. Bei einem klassischen Jackett/Blazer gilt für Damen die gleiche Knöpfung wie für Herren.

Übrigens: Die Tradition der Jackettknöpfung soll auf den britischen König Eduard VII. (1841–1910) zurückgehen. Er soll der Geschichte nach etwas beleibter gewesen sein (sein Leibesumfang betrug bis zu 120 cm). Aus diesem Grund ließ er den untersten Knopf seiner Jacke geöffnet. Da sich der König stets nach den neuesten modischen Trends kleidete, war er auch mit seiner Jackettknöpfung Vorbild für die gehobenen Männergesellschaften. Die englische Mode, insbesondere die der Herrenwelt, setzte sich auf dem europäischen Kontinent durch und wird auch heute gepflegt. Eduard der VII. gilt übrigens auch als der „Erfinder" des Smokings. Der als Gourmet und mit 20 Zigaretten und zwölf Zigarren pro Tag als Kettenraucher bekannte König zog sich gern nach dem Dessert in die Raucherlounge zurück. Um nicht mit dem nach Rauch riechenden Jackett aus der Lounge zu treten, zog er in der Lounge ein anderes Jackett, die Raucherjacke (meist aus schwarzem Samt), an. So wurde der Smoking geboren.

WANN DARF MAN DAS JACKETT ODER DEN BLAZER IM BUSINESS AUSZIEHEN?

An heißen Sommertagen dürfen Sie sich beispielsweise erst des Jacketts/des Blazers entledigen, wenn die ranghöchste Person im Raum oder der Gastgeber das Jackett ablegt. In lockeren Runden fragen Sie einfach nach.

KANN „MANN“ KURZARMHEMDEN UNTER EINEM JACKETT TRAGEN?

Nein, denn das Hemd schaut immer unter dem Jackett hervor (ca. 1 cm), damit die Manschettenknöpfe sichtbar werden. Kurzarmhemden gehören in Deutschland in den Freizeitbereich.

MUSS MAN ZU EINER HOSE MIT HOSENTRÄGERN NOCH EINEN GÜRTEL TRAGEN?

Normalerweise wäre das ein Mode-Fauxpas! Aber Kevin Costner in „Bodyguard“ trägt beispielsweise Hosenträger und Gürtel, und er sieht damit gut aus. Also, lassen Sie einfach Ihren Modegeschmack entscheiden.

WIE STARK DARF EIN PARFUM- ODER RASIERWASSERDUFT SEIN?

Der Duft unterstreicht Ihre Persönlichkeit und sollte nicht gesondert wahrgenommen werden. Ihr Duft sollte nur bewusst von Menschen gerochen werden, die in Ihren „Intimabstand" kommen. Dieser beträgt ca. 50 bis 60 cm.

WANN KANN MAN „GAMMELLOOK" TRAGEN?

Bei einem gemütlichen Abend mit seinem Partner.

Auf Reisen und unterwegs

WIE IST DAS MIT DEM TÜR AUFHALTEN?

Damit drücke ich meinen Respekt gegenüber einer Person aus. Aus diesem Grund sollte man seinem Geschäftspartner bzw. einem Kunden die Tür aufhalten. Kurz gesagt: Im Geschäftsleben wird dem Ranghöheren die Tür aufgehalten; im Privatleben ist dies die Frau bzw. der wesentlich Ältere. Sollte jedoch die rangniedere Person keine Hand frei haben, dann ist es eine nette Geste, wenn man als Ranghöherer die Tür aufhält.

WER LÄUFT ZUERST TREPPAUF UND WER TREPPAB?

Treppauf: Im Business geht die ranghöhere Person vor dem Rangniederen. Im Privatleben geht die Frau vor dem Mann.

Treppab: Im Privatleben ist es hier andersherum, damit „Er" „Sie" im Fall des Stolperns auffangen kann. Aber auch im Business kann sich der Chef gegenüber seiner Mitarbeiterin als Kavalier zeigen.

WORAUF SOLLTE MAN IM THEATER, IN DER OPER ODER IM KINO ACHTEN?

Im Theater und in der Oper sind die Sitzplätze bekannt. Sollten Sie einen Mittelplatz haben, gehen Sie spätestens nach dem letzten Aufruf an Ihren Platz. Wenn ein Nachzügler an Ihrem Platz vorbei muss, stehen Sie kurz auf, auch wenn dies lästig ist. Sie gehen stets mit dem Gesicht, den anderen Personen in ihrer Sitzreihe zugewandt, vorbei.

Eine Ausnahme: In der Kirche können Sie mit dem Gesicht zum Altar schauend durch die Sitzreihen gehen.

Applaus wird im Theater und in der Oper nach jedem Akt gespendet. Beim klassischen Konzert wird erst nach Ende des ganzen Musikstücks applaudiert. Sollte Ihnen das Musikstück nicht bekannt sein, so achten Sie auf den Dirigenten. Erst wenn dieser sich dem Publikum zuwendet, ist das Musikstück beendet und Sie dürfen klatschen. Bitte angemessen Applaus geben, nicht nur „anstandsmäßig" und dann sofort zur Garderobe stürmen. Das ist den Künstlern gegenüber sehr unhöflich, denn Ihr Beifall ist die „Gage" des Künstlers. Bei kulturellen Veranstaltungen, wo Sie einen Sitzplatz haben, grüßen Sie mit einer kleinen nonverbalen Bewegung Ihren Nachbarn. Wenn es nur eine Armlehne gibt, arrangieren Sie sich mit Ihrem Nachbarn. Sollten Sie zu spät kommen, entschuldigen Sie sich bei Ihren Nachbarn für die entstandene Unruhe. Wenn Sie abschätzen können, dass die Unruhe durch Ihre Verspätung zu groß wird, bleiben Sie an der Seite sitzen und nehmen nach der Pause Ihren Sitzplatz ein.

WAS GILT FÜR JEDES VERKEHRSMITTEL?

In Bus und Bahn immer erst aussteigen lassen und dann ohne zu drängeln einsteigen. Wenn Sie einen freien Platz sehen, fragen Sie den Nachbarn, ob dieser noch frei ist. Bedürftigen Personen wie beispielsweise Älteren, Kranken, Schwangeren oder Personen mit Kleinkindern bietet man, sofern Sie nicht selbst zu dieser Personengruppe gehören, seinen Sitzplatz an.

WIE VERHÄLT MAN SICH BEIM FAHREN IM FAHRSTUHL BZW. AUF DER ROLLTREPPE?

Bei uns in Deutschland steht man auf der Rolltreppe rechts, während links überholt wird. (In Großbritannien ist es umgekehrt!)

Im Fahrstuhl grüßt man nur mit Worten, wie beispielsweise: „Guten Tag“, wenn man diesen betritt. Denn es gilt die Grundregel, derjenige, der einen Raum betritt, grüßt immer (mit Worten) zuerst in die Runde.

Im Fahrstuhl bitte nicht aufdringlich sein, auch wenn es sehr eng ist. Laute Gespräche bzw. Telefonate sind tabu. Blicken Sie am besten zu Boden oder auf die Etagenanzeige. Ansonsten gilt wie bei Bus und Bahn, erst aussteigen lassen, dann einsteigen. Im Geschäftsleben hat der Ranghöhere bzw. der Gast im Unternehmen immer den Vortritt.

WAS MÜSSEN SIE BEACHTEN, WENN SIE MIT PKW UNTERWEGS SIND?

Als Fahrgast im Taxi sitzen Sie am besten auf der Rückbank. In einem Nichtraucherfahrzeug halten Sie sich bitte an diese Vorschrift. Falls Sie eine andere Route als Ihr Fahrer fahren würden, fragen Sie ihn ruhig im angemessenen Ton danach, weshalb er eine andere Strecke als den Ihnen bekannten Weg fährt. Merken Sie, dass der Fahrer absichtlich die längere Strecke fährt, klären Sie diese Angelegenheit. Ein Taxi wirkt bereits unseriös, wenn es unsauber ist, laute Musik ertönt,

voll Tabakqualm ist oder der Fahrer einen riskanten Fahrstil hat. Falls sich der Fahrer als uneinsichtig erwiesen hat, notieren Sie sich die Nummer des Wagens und melden Sie dies der Taxizentrale. Im Ausland können Sie sich damit an die Rezeption Ihres Hotels wenden.

Sind Sie mit einem Leihwagen unterwegs, behandeln Sie diesen so, als wäre es Ihr eigener Wagen. Melden Sie bitte auch kleine Schäden bei der Rückgabe des Fahrzeuges. Von Ihnen verursachte kleine Verkehrssünden werden selbstverständlich auch von Ihnen bezahlt. Sie sollten bedenken, dass Ihr persönliches Verhalten im Straßenverkehr von guten oder weniger guten Umgangsformen zeugt.

WIE IST DAS MIT DEM EINSTEIGEN INS AUTO UND DER SITZORDNUNG IM AUTO?

Der Mann als Fahrer sollte der mitfahrenden Dame als Kavalier die Autotür aufhalten und ihr, falls notwendig, beim Ein- und Aussteigen behilflich sein. Sie, als Fahrer gehen immer an der Vorderseite ums Auto, so dass die Insassen Sie sehen können.

Die Sitzordnung im Auto ist wie folgt: Der „vornehmste" Platz ist der Beifahrersitz. Hier sitzt die Dame, der Gast oder im Geschäftsleben die oder der Ranghöchste. Wenn Sie im Firmenwagen einen Besucher mitnehmen, darf der Gast auf diesem Ehrenplatz sitzen. Die zweite Person in der Hierarchie sitzt hinten rechts, der letzte Platz in

der Rangfolge ist hinter dem Fahrer. Wird der Wagen von einem Chauffeur gefahren, ändert sich die Sitzordnung wie folgt:
Der beste Platz ist hinten rechts. Daneben sitzt die Nummer zwei in der Rangfolge, gefolgt vom Beifahrersitz.

WIE BENIMMT MAN SICH STILSICHER IM HOTEL?

Ihr Auftreten ist entscheidend, ob man Sie als gern gesehenen Gast betrachtet oder eben nicht. Die Tatsache, dass Sie der zahlende Gast sind, berechtigt Sie nicht, unhöflich oder taktlos aufzutreten.
Die Kleiderfrage im Hotel richtet sich nach dem Hotel und nach der Tageszeit. Generell gilt, je später der Abend,

desto festlicher die Kleidung. Dass man nicht mit Sport- bzw. Badebekleidung ins Restaurant geht, versteht sich von selbst.

Auch im Hotel grüßt man Hotelangestellte und andere Gäste. Im Wellnessbereich, wo entspannte Ruhe herrscht, genügt ein freundliches Kopfnicken. Benutzen Sie die Schilder „Bitte nicht stören" und „Bitte Zimmer aufräumen". Diese Signale helfen Ihnen und dem Hotelpersonal. Nehmen Sie Rücksicht auf andere Hotelgäste. Stellen Sie den Fernseher auf Zimmerlautstärke.

Unterlassen Sie nachts lautes Reden im Hotelflur und reservieren Sie nicht (mit dem Handtuch) vor dem Frühstück die Liege am Hotelpool.

Am Pool bitte die Pool-Handtücher benutzen (nicht die Handtücher aus dem Hotelzimmer). Nehmen Sie nur Dinge aus dem Hotel mit, die Sie geschenkt bekommen haben. Handtücher oder Bademäntel gehören nicht dazu. Wenn Sie sich nicht sicher sind, fragen Sie einfach das Hotelpersonal.
Vergessen Sie nicht, für entsprechende Dienstleistungen, dem Personal ein angemessenes Trinkgeld zu geben.
Wenn Sie etwas zu reklamieren haben, bleiben Sie fair. Unterscheiden Sie zwischen Bagatellen und schwerwiegenden Problemen. Falls Ihrer Beschwerde nicht nachgegangen wird, verlangen Sie den diensthabenden leitenden Angestellten (Duty

Manager). Notieren Sie sich den Namen Ihres Gesprächspartners und denken Sie immer daran, wie man in den Wald hineinruft, so schallt es auch heraus. Geben Sie eine Beschwerde zeitnah und nicht erst am Ende Ihres Aufenthaltes ab. So geben Sie dem Hotel die Chance, diese zu beseitigen.

WANN TRÄGT MAN IM HOTEL DIE KOFFER SELBST?

In einem Hotel (in Deutschland) mit weniger als vier Sternen trägt der Gast seine Koffer selbst.

Sonstiges

WAS SIND DISTANZZONEN?

Das ist der Abstandsbereich, den Sie gegenüber anderen Personen einnehmen. Man unterscheidet vier Distanzbereiche: intime Distanz (0 cm bis ca. 50 bis 60 cm), persönliche Distanz (ca. 60 cm bis ca. 1,20 m), soziale Distanz (ca. 1,20 m bis ca. 3,60 m) und öffentliche Distanz (ab 3,60 m). In anderen Kulturkreisen sind die Distanzbereiche anders.

WAS SOLLTE MAN ALS AUSSTELLER AM MESSESTAND BEACHTEN?

Achten Sie auf eine offene und zugewandte Körpersprache, denn Sie möchten Messestandbesucher ansprechen. Stellen Sie sich in die Mitte des Standes, so versperren Sie nicht Ihren Stand und können Ihre Standgäste begrüßen. Falls Sie sitzen, so erheben Sie sich, sobald ein Besucher Ihren Stand betritt. Ihre Kleidung sollte dem Corporate Identity des Unternehmens entsprechen. Kommen Sie schnell vom Smalltalk zum Geschäftlichen, denn von „Vielrednern" nehmen Kunden schnell Abstand.

Übrigens: Sichtbar essen, mit dem Smartphone hantieren oder schlechter Mundgeruch (Nikotin) sind ein Tabu am Messestand.

WAS SOLLTE MAN IM UMGANG MIT PERSONEN VON VERSCHIEDENEN GENERATIONEN IM BUSINESS BEACHTEN?

Diese Thematik gestaltet sich leider in den letzten Jahren in einigen Branchen als sehr schwierig. Die Folgen davon sind beispielsweise, dass ältere Kollegen gemobbt, auf „Archivjobs" gesetzt werden oder in eine nicht freiwillige Frühpensionierung gehen. Ich kann in solchen Fällen an einen respektvollen und toleranten Umgang miteinander appellieren. Halten Sie sich immer vor Augen, dass Generationen voneinander lernen können!

WIE VERHÄLT MAN SICH, WENN MAN GÄHNEN MUSS?

Die Devise in einer solchen Situation lautet: So unauffällig wie möglich, sprich: „Die linke Hand vor den Mund halten und diesen nicht so weit aufreißen."

Übrigens: Man kann durch Konzentration lernen, den Gähnreflex zu unterdrücken.

WIE VERHÄLT MAN SICH, WENN EIN MALHEUR PASSIERT?

Vermeiden Sie es, durch auffälliges Verhalten den Zwischenfall zu verschlimmern. Beheben Sie Ihr Missgeschick, ohne es zu kommentieren. Wenn Ihnen unbeabsichtigte körperliche Äußerungen passieren sollten, sagen Sie „Entschuldigung".

Übrigens: Humor versetzt Berge und die Fähigkeit, über sich selbst zu schmunzeln, imponiert.

WIE VERHÄLT MAN SICH, WENN MAN ZU SPÄT KOMMT?

Kündigen Sie eine Verspätung an, sobald Sie diese absehen können. Wenn Sie selbst die Hauptperson sind, entschuldigen Sie sich bei Ihrer Ankunft und erläutern kurz das Missgeschick. Falls die Veranstaltung ohne Sie beginnen kann, dann grüßen Sie nach Ihrer Verspätung leise in den Raum, setzen sich auf Ihren Platz und folgen der Veranstaltung, ohne groß zu stören. Sie können sich für Ihre Verspätung in der Pause beim Gastgeber entschuldigen.

KANN MAN AM ARBEITSPLATZ ESSEN?

Selbstverständlich muss man hier die Vorgaben und Bestimmungen des jeweiligen Unternehmens einhalten.

Grundsätzlich gilt: Kein Essen im Umgang mit Publikum! Und nehmen Sie Rücksicht auf Ihre Kollegen – verzichten Sie lieber auf ein Essen mit starken Gerüchen!

KLOPFT MAN HEUTE NOCH AN?

Ja. Man kann allerdings gleich nach dem Anklopfen eintreten, wenn eine Tür angelehnt ist. Ansonsten wartet man mit dem Betreten des Raumes immer auf eine Aufforderung. Sollte man diese überhört haben, öffnen Sie die Tür und fragen, ob Sie eintreten dürfen.

GESPRÄCHE AUF DEM HERREN-WC?

Dafür gibt es keine goldene Regel. Man befindet sich im intimen Distanzbereich! Im besten Fall einfach nett grüßen und fertig. Wenn der andere wohlwollend und nicht wortkarg reagiert, kann man smalltalken. Geht man in eine WC-Box bedeutet das, keine Gespräche zu führen.

GESPRÄCHE AUF DEM DAMEN-WC?

Gespräche über Kabinentüren bzw. -wände sind ein absolutes No-Go.

TRATSCH IM BÜROFLUR?

Auch hier gilt: Alles in der richtigen Dosierung, denn niemand möchte als „Tratschtante" tituliert werden. Getuschel auf dem Büroflur kann sich durchaus positiv auf das Arbeitsklima auswirken, wenn man sich beispielsweise über einen hilfsbereiten Kollegen positiv äußert.

Übrigens: Gemäß Urteil des Bundesarbeitsgerichts können unsachliche Angriffe, die das Ansehen einer Person in der Öffentlichkeit schädigen und zwar dann, wenn der Betriebsfrieden aufgrund der Äußerungen gestört oder das Vertrauensverhältnis zerstört wird, zu einer außerordentlichen Kündigung führen.

WIE LANGE DARF EIN KRANKENBESUCH DAUERN?

Die Gesamtdauer hängt vom Befinden des Patienten ab und sollte eine halbe bis eine Stunde nicht überschreiten. Sie verlassen das Krankenzimmer, sobald medizinisches Personal bzw. Pflegepersonal den Raum betritt.

DARF MAN KOMPLIMENTE MACHEN?

Ja, aber das Kompliment muss unbedingt authentisch sein. Prüfen Sie vorher genau, was Sie an dieser Person wirklich fasziniert und was Sie „würdigen" wollen. Hüten Sie sich vor Übertreibungen. Bei weniger vertrauten Personen sollten Komplimente nicht die Privat- bzw. Intimsphäre ansprechen.

MUSS MAN EIN GASTGESCHENK MITBRINGEN?

Wenn Sie eine private Einladung erhalten, gehört es zum guten Ton, ein kleines Gastgeschenk mitzubringen. Platzieren Sie einen kleinen persönlichen Gruß am Geschenk. So kann der Beschenkte das Mitbringsel zuordnen und sich später bei Ihnen dafür bedanken. Geeignete Gastgeschenke sind beispielsweise die Klassiker wie Wein, Pralinen und Blumenstrauß, aber auch Bücher, Musikaufnahmen, Gutscheine, selbst hergestellte Dinge …

Bei größeren anonymen Veranstaltungen (zum Beispiel Empfängen, Vernissagen) wird in der Regel kein Mitbringsel erwartet.

Mein Tipp: Vergessen Sie nicht, sich trotz des Gastgeschenkes zwei bis drei Tage nach der Einladung noch einmal telefonisch oder schriftlich (im Freundeskreis auch per E-Mail, SMS, Whatsapp, soziale Netzwerke) bei Ihrem Gastgeber zu bedanken.

MUSS MAN SICH ALS GASTGEBER BEI SEINEN GÄSTEN BEDANKEN?

Ja, ein paar Tage nach der Feier sollte man sich bei seinen Gästen für das Kommen und für die Gastgeschenke bedanken!

WIE SAGE ICH EINE EINLADUNG AB?

In der Regel sagt man die Einladung so ab, wie man diese erhalten hat bzw. wie es auf der Einladung gefordert wird. Wenn es sich um eine kurzfristige Absage handelt, rufen Sie an, da dies die schnellste und sicherste Form ist. Sagen Sie umgehend ab, sobald Sie wissen, dass Sie diese Einladung nicht annehmen können.

Mein Tipp: Verwenden Sie keine Notlügen und bieten Sie bei einer Einladung im Freundeskreis eine Revanche an. Damit suggerieren Sie dem Einladenden, dass Sie trotz der Absage Interesse an seiner Person haben.

WIE SIEHT EIN BLUMENGRUSS AUS?

Meiden Sie die Zahl „13". Falls Sie einen Strauß Rosen verschenken, nehmen Sie eine ungerade Zahl. Rote Rosen sind ein Liebessymbol. In die Farbe Gelb können manche Personen Neid, Eifersucht und Missgunst deuten. Weiße Rosen werden sowohl für Brautsträuße als auch für Grabgebinde verwendet. Laut Aussage des Fachverbandes Deutscher Floristen war es früher undenkbar, weiße Lilien zu verschenken. Heutzutage liegen neben Lilien ebenfalls Chrysanthemen hinter Rosen auf dem zweiten Platz der am meist verschenkten Schnittblumen in Deutschland. Entfernen Sie vor dem Überreichen der Blumen das Papier, die transparente Folie kann bleiben. Obwohl heutzutage die transparente Folie nicht trendig ist. Topfpflanzen eignen sich zum Verschenken bei Firmenfeiern oder an vertraute Personen. Visitenkarten bzw. Karten mit Blumenmotiven sind an Blumengeschenken deplatziert. Wenn Sie Blumen über einen Boten schicken, lassen Sie ein kleines Kärtchen mit einem Gruß von Ihnen dazu stecken. Bei weniger vertrauten Personen passt am besten ein bunter Blumenstrauß.

WIE VERHÄLT MAN SICH BEI AUSLÄNDISCHEN GESCHÄFTSPARTNERN?

Man muss sich nicht jeder Landesgepflogenheit anpassen, aber die Menschen sollten spüren, dass man ihnen mit Achtung begegnet, die Grundregeln des guten Benehmens einhält und ihre Tabus nicht verletzt. Ein freundliches Lächeln öffnet so manche Tür. Auch wenn man die Sprache des Landes nicht beherrscht, sind oft Mimik und Gestik hilfreich. Beim Gestikulieren mit bestimmten Handzeichen erkundigen Sie sich vorher über dessen Bedeutung im jeweiligen Land. Zeichen, die bei uns für positive Dinge stehen, können in anderen Ländern ein absolutes No-Go sein.

Quellenangaben:

Elisabeth Bonneau: 300 Fragen zum guten Benehmen (Der große GU Kompass), Gräfe und Unzer Verlag GmbH, 2005

Hans-Michael Klein: Guter Rat: Knigge modern, Cornelsen-Verlag, 2009

Silke Schneider-Flaig: Knigge heute „Gutes Benehmen und gute Umgangsformen", Circon Verlag GmbH, 2008

Knigge Ticker, VNR Verlag für die Deutsche Wirtschaft AG, Fachverlag für Kommunikation und Management

Christina Zacker: Taschen Knigge: Umgangsformen für alle Situationen, Südwest-Verlag, 2007

www.campushunter.de/karrieretipp/business-kleidung-im-sommer

www.jurion.de/urteile/bag/2002-10-10/2-azr-418_01/

karrierebibel.de/distanzzonen-intimsphaere

Knigge.de, www.knigge.de

www.manager-magazin.de/unternehmen/personalien/digital-gegen-analog-generationen-krieg-im-buero-a-1108363-2.html

www.onpulson.de/19348/5-tipps-fuer-das-richtige-verhalten-am-messestand/

www.redenwelt.de/rede-tipps/redner-knigge/redner-knigge.html

Stil.de, www.stil.de